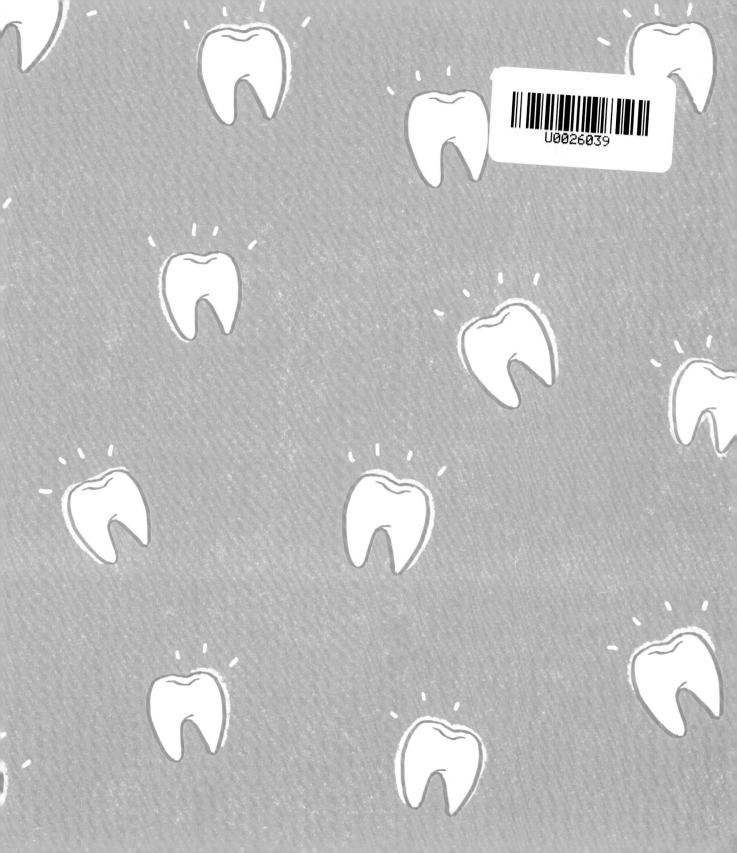

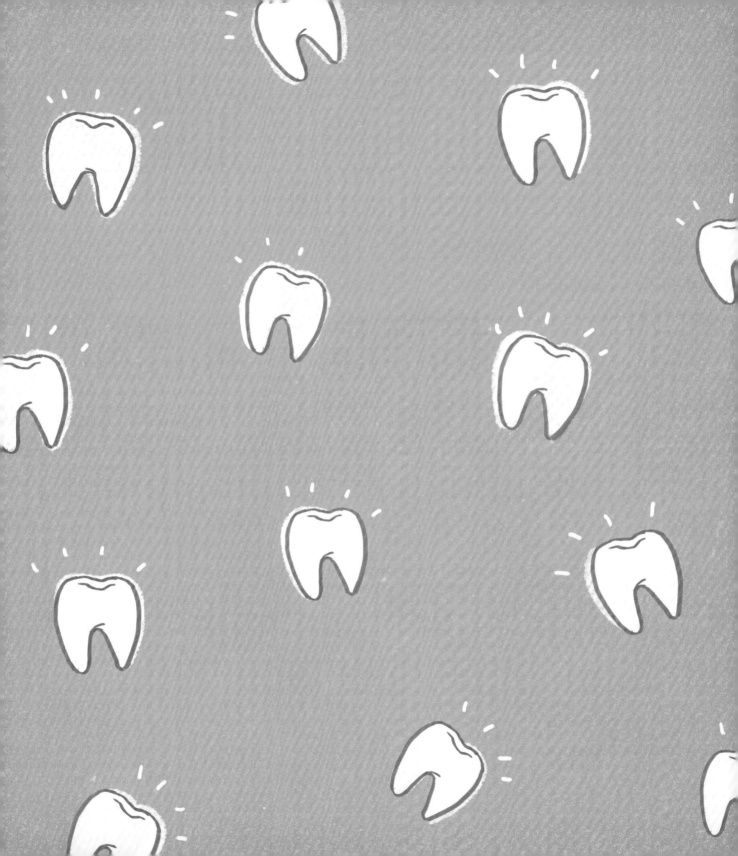

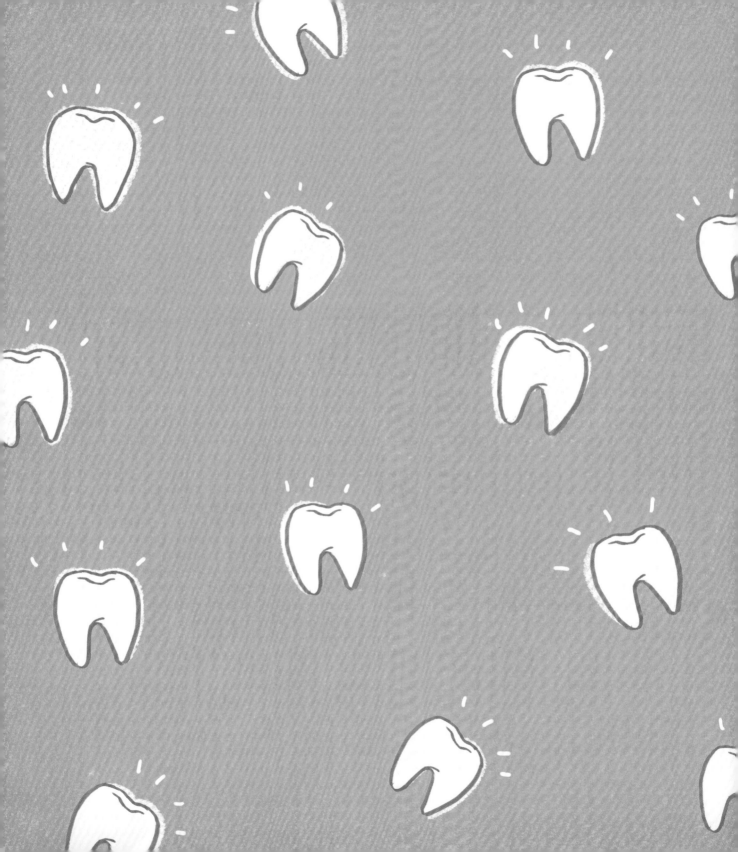

超級神奇的身體

搖搖晃晃的牙齒

段張取藝　著／繪

超級神奇的身體

搖搖晃晃的牙齒

2022年12月01日初版第一刷發行

著、繪者　　段張取藝
主　　編　　陳其衍
美術編輯　　黃郁琇
發 行 人　　若森稔雄
發 行 所　　台灣東販股份有限公司
　　　　　　＜地址＞台北市南京東路4段130號2F-1
　　　　　　＜電話＞(02)2577-8878
　　　　　　＜傳眞＞(02)2577-8896
　　　　　　＜網址＞http://www.tohan.com.tw
郵撥帳號　　1405049-4
法律顧問　　蕭雄淋律師
總 經 銷　　聯合發行股份有限公司
　　　　　　＜電話＞(02)2917-8022

本書簡體書名爲《超級麻煩的身体 搖搖晃晃的牙齿》原書號：978-7-
115-57492-3經四川文智立心傳媒有限公司代理，由人民郵電出版社
有限公司正式授權，同意經由台灣東販股份有限公司在香港、澳門特
別行政區、台灣地區、新加坡、馬來西亞發行中文繁體字版本。非經
書面同意，不得以任何形式任意重製、轉載。

哎喲 —— 哎喲 ——

掉牙 **好麻煩 !**

搖搖晃晃的牙齒,

一顆接著一顆掉下來,

我們的牙齒為什麼會掉呢?

新的牙齒又在哪兒呢?

它們還會掉嗎?

哎呀，牙掉了！

我們的乳牙可能在各種情況下掉落，有時可以預料，有時卻讓人猝不及防。

刷牙時

吐西瓜籽時

撕咬雞腿時

咬鉛筆時

啃蘋果時

吹泡泡糖時

合唱時

跳繩時

呼呼大睡時

打噴嚏時

打籃球時

危險行為，
請勿模仿。

哈哈大笑時

吹蠟燭時

射箭時

打架時

祈禱牙齒掉下來時

去看牙醫時

掉下來的牙放哪裡？

我們一生中只會換一次牙，掉下來的牙齒可不能隨隨便便扔掉！

上牙放在床底

埋進花壇裡，期待長出牙齒樹

做成牙齒裝飾品

裝在盒子裡，收藏起來

穿起來做項鍊

下牙拋到屋頂

讓屋外的小鳥帶走牙齒

傳說把乳牙放在枕頭裡，
晚上會有老鼠用硬幣來交換

牙仙子會在夜晚取走牙齒，並留下小禮物

用牙齒和媽媽換玻璃珠

放進漂流瓶

把牙齒拋向天空，
祈禱太陽賜下新牙齒

尖牙 俗稱「虎牙」，形狀像匕首，能撕碎有韌性的食物，是門牙的好幫手。

切牙 俗稱「門牙」，形狀像刀刃，主要負責把食物切斷。

磨牙 表面有許多溝壑，就像石磨一樣，主要負責磨碎被切牙切下或被尖牙撕下的食物。

三種牙齒各司其職，分工很明確！

8

牙齒是人體最堅固的器官。一口好牙，不僅看起來美觀、大方，還能發揮許多重要的作用。

咀嚼食物
牙齒最主要的功能就是咀嚼食物。它們能把食物咬碎，方便腸胃消化。

輔助發音
牙齒能讓我們的發音更加準確、清晰。

保持面部美觀
如果沒有牙齒，我們的面部缺少了支撐物，會出現塌陷，影響美觀。

看似不起眼兒的牙齒，原來有這麼多作用呀！

9

小巧玲瓏的乳牙

我們的第一口牙齒，叫做乳牙。

乳牙 共有20顆，外表是健康的乳白色。它們的大小是固定的，不會隨身體的發育而變大。

使用期只有5～10年。

剛出生的小寶寶是沒有牙齒的。到大約兩歲半時，乳牙才能長齊。

堅實可靠的恆牙

到了一定年紀，乳牙會脫落，新的牙齒會萌出。這些新的牙齒叫做恆牙。

恆牙一直潛伏在我們的骨骼裡，等待著「破土而出」的時機。

恆牙是乳牙的升級版，比乳牙要大一圈，也比乳牙更加堅固，更加強壯。大多數人有32顆恆牙，它們萌出之後就不會再被替換了。

使用期長達一生。

乳牙謝幕，恆牙登場！

乳牙脫落，恆牙萌出，這可不是一眨眼就能完成的事。我們需要經歷一段特殊的「換牙期」，牙齒才能順利地完成從乳牙到恆牙的蛻變。

6歲

我們開始掉牙啦！新生的恆牙會慢慢替代小乳牙。

7歲

變成一個說話漏風的「缺牙小孩」，每個人的成長過程中，都會有這個階段。

10歲

幾顆恆牙正在同時生長，這是決定新牙是否整齊的關鍵時期。

12歲

換牙期基本結束啦！如果牙齒長得歪歪扭扭，就要矯正牙齒。矯正後，它們就會變得整整齊齊了。

14歲
除智齒之外的恆牙都萌出了，我們擁有了一口整齊、潔白的好牙。

人的一生只有一次換牙期，所以請你一定要珍惜和愛護自己的牙齒喲。

換牙期護理指南

恆牙會伴隨我們一生，所以在換牙時，要養成一些好習慣，這樣才能擁有一口好牙。

想換一口好牙的話，可不能有這些壞習慣呀！

自己拔牙可不行

強行用手去拔鬆動的牙，或者用牙線綁住牙齒拔下，可能會造成疼痛和出血。

牙齒不能隨便舔

頻繁地用舌頭去舔新牙，很可能讓它們變得歪歪扭扭，甚至出現畸形的情況。

咬嘴唇可不好

總咬下唇，可能會讓上牙前突、下牙向內生長，導致牙齒咬合不齊，影響美觀。

千萬別用嘴呼吸

用嘴呼吸，會讓我們的牙齒排列得不整齊，嘴唇也會變厚。

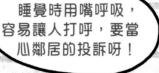

睡覺時用嘴呼吸，容易讓人打呼，要當心鄰居的投訴呀！

不能長時間用同一側牙齒咀嚼食物

不能因為牙齒鬆動，就刻意不用那一邊的牙齒咀嚼食物。否則，長此以往，我們的臉頰會變得一邊大一邊小。

使用新牙時切勿用蠻力

恆牙剛長出來時是很脆弱的，因為它們還沒有完全生長好。如果這時經常吃很硬的食物，或是咬堅硬的物品，可能會讓牙齒變形、破損。

換牙期是牙齒長成的關鍵時期，千萬不能大意。一口潔白亮麗的好牙，和一口歪歪扭扭的爛牙，會給人留下截然不同的印象。所以，小朋友們一定要養成良好的習慣，關愛牙齒健康喲！

15

「不一樣」的牙齒

在換牙的過程中，我們的牙齒可能會出現各種各樣的問題。

歪歪斜斜的牙齒

換牙過程中，牙齒可能會不整齊，這種不整齊有些是正常現象，換牙後會變得整整齊齊，而有些是不正常的，需要及時就醫。

雙排牙

乳牙還沒脫落，恆牙就已經「迫不及待」地萌出，就會出現雙排牙的情況。

牙齒間有縫隙

牙齒還沒有完全長好時，會出現小牙縫。

新換的門牙上有「小鋸齒」

剛萌出的門牙，邊緣會呈現鋸齒形。在日積月累切開食物的過程中，門牙的邊緣會被逐漸磨平。

門牙特別大

新換的恆牙在小嘴裡會大得很顯眼，常被說成「兔牙」，等長大後，就會變得協調了。

牙折斷

牙齒雖然是我們身體中最堅硬的器官，但也可能因為受傷而折斷。

地包天

因為下巴前突，會使下牙包在上牙的外面，形成「地包天」的咬合狀況。從側面看，面部會呈現上唇在內、下唇在外的「下弦月」形狀。

齙牙

「齙牙」和「地包天」剛好相反，是上牙向外傾斜。放鬆時，嘴唇會難以閉攏，笑的時候還會露出牙齦。

每個人的牙齒，都會有大大小小的問題。所以，發現問題時，一定要及時向牙醫求助！

17

牙齒長「蟲」了！

有時，牙齒的表面會長出個小黑洞，這就是齲齒，也叫蛀牙，俗稱「蟲牙」。

齲齒
「蟲牙」並不是牙齒上真的長蟲子了，而是一種細菌引起的牙齒疾病，學名叫做齲齒。因為很像是蟲子咬的洞，所以俗稱「蟲牙」。

中齲（中期）
細菌開始擴散，已深入到了牙本質。吃甜的或冰的食物時，牙齒會痛，但是漱口或者喝水後又會恢復正常。

淺齲（初期）
牙釉質（琺瑯質）受到腐蝕，牙本質暫時安全。牙齒不疼，但已經受到損害，表面會出現白色、黃色或黑色的斑，甚至是小洞。

深齲（晚期）
牙本質的深層都被腐蝕了。細菌讓牙洞越來越大、越來越深，食物卡在洞裡時會引發疼痛。

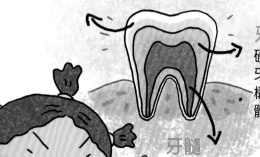

牙釉質（琺瑯質）
牙齒中最堅硬的部分，覆蓋在牙齒表面。

牙本質
硬度僅次於牙釉質，是構成牙齒主體的組織。

牙髓
含有豐富的血管和神經，滋養著牙本質和牙齒。

齲齒是不能自癒的，但可以透過補牙來治好。可如果發展成牙髓炎或者根尖周炎，單靠補牙就不夠了，還需要更複雜的治療！

去看牙醫，越快越好！

牙髓炎
細菌已經入侵牙齒的內部——牙髓。牙齒神經受到細菌攻擊，開始發炎，吃冷的或熱的食物時會出現強烈的痛感，情況已經十分嚴重啦！

根尖周炎
細菌完全破壞了牙髓，並向牙根深處入侵，攻擊牙根周圍的骨頭，甚至會向外侵襲牙齦，導致牙齦長包，又腫又疼。

19

牙齒有天敵

自然界有相生相剋的法則，即便牙齒是人體最堅硬的器官，許多常見的食物也能影響口腔環境，導致牙齒受損。

碳酸飲料 是牙齒的頭號殺手。其中含有的酸會讓牙齒變得脆弱；而糖，則是最能助長細菌氣焰的。

酸性物質會破壞牙釉質，含糖物質附著在牙齒上則是細菌最好的培養皿，時間長了也會腐蝕牙齒。

檸檬水 是酸性的，會對牙齒造成腐蝕，讓它們變得粗糙並易壞。

糖果 在口腔中融化的過程，會讓牙齒一直浸泡在糖液中。

塞牙真煩人

吃了粗纖維的食物後，牙齒之間有時會留下難纏的食物殘渣。這有可能是牙縫或齲齒等原因引起的。

菠菜

原因——牙縫

產生牙縫的原因有很多，比如在生長發育期、換牙期，牙縫是很常見的口腔問題。

長期不清理牙縫裡的食物殘渣，會助長細菌繁殖，導致齲齒和牙齦發炎。

肉絲

葡萄乾

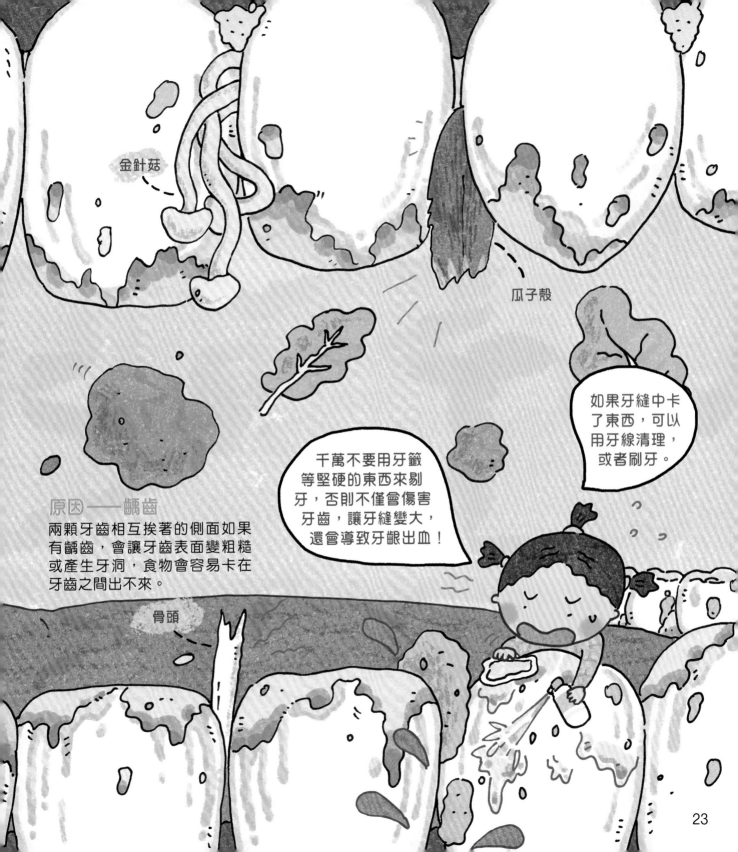

金針菇

瓜子殼

原因——齲齒
兩顆牙齒相互挨著的側面如果有齲齒，會讓牙齒表面變粗糙或產生牙洞，食物會容易卡在牙齒之間出不來。

千萬不要用牙籤等堅硬的東西來剔牙，否則不僅會傷害牙齒，讓牙縫變大，還會導致牙齦出血！

如果牙縫中卡了東西，可以用牙線清理，或者刷牙。

骨頭

幫牙齒洗個澡

如果想保持牙齒的健康，我們就必須用專業的方法來刷牙！

1 用比「讚」的手勢握住牙刷。

2 牙刷毛貼近牙齦，與牙齒呈45度角，輕輕按壓牙刷。

5 刷前牙內側，這時可以將牙刷豎放，上下移動。

愛乾淨的古人

古代雖然沒有牙刷和牙膏，但這可難不倒聰明的古人。他們想出了各種各樣的辦法來清潔牙齒。

鹽

古人很早就發現，用鹽刷牙，不易患牙病。

柳條

先把柳條的皮剝掉，然後放在水中浸泡，就能做成一個簡單的刷牙工具。

馬尾巴

宋代人已懂得把馬尾剪短作為刷毛，再用竹子或牛角作為刷柄，製成「牙刷」來清潔牙齒。

骨頭

在古希臘，人們會磨碎動物骨頭和牡蠣殼做成牙粉，來清理口腔。

醋

古埃及人常常把醋、葡萄酒和浮石粉混合在一起，來清潔牙齒。

豬毛

一個英國罪犯曾在監獄中製作了一把簡易的牙刷。他把豬骨磨成細棒，在細棒的一端扎些小孔，然後把豬毛插進小孔裡，簡易牙刷就做好了。

銼刀

中世紀的外科醫生會用銼刀來清潔牙齒。不過，事實上，這樣可能會對牙齒造成損害。

手指

敦煌壁畫中有一幅畫，描繪了人用手指清理牙齒的場景。

27

古今中外的牙齒故事

牙病入詩

大詩人陸游曾用一首詩記錄了自己不幸患上齲齒的經歷。「齲齒雖小疾，頗解妨食眠」，牙疼影響了吃飯睡覺。「恨不棄殘骸，蛻去如蛇蟬」，痛苦得讓詩人想換一副身體。

人類的第一副假牙

早在古埃及時期，人們就已經開始使用獸牙或黃金製作假牙，來解決口腔問題。

假牙大作用

英國前首相邱吉爾，在戰爭時期發表過許多精彩的演講，對戰爭的勝利起到了積極作用。他由於吸菸，牙齒早早掉光，因此曾經十分抵觸當眾表達，直到有了一副令他滿意的假牙，他才找回演講的自信。

「孺子牛」的來歷

孺子是指小孩子。春秋時期，齊景公非常溺愛他的一個兒子，在與兒子嬉戲時，曾用牙咬著繩子，趴在地上，假裝成牛，讓兒子牽著走，結果門牙被兒子摔倒時拽掉一顆。

黑齒美人

在日本，直到19世紀，將牙齒染黑都是富裕的象徵。人們認為，與白色的牙齒相比，黑齒還具有防止牙齒損壞的功能。因此，當時的女子都以黑齒為美。

自然界的牙齒之最

數量最多的牙齒

蝸牛是世界上牙齒最多的動物，牠們的牙齒約有135排甚至更多，多的能超過兩萬顆。

長得最快的牙齒

老鼠的門牙生長速度非常快，某些種類的老鼠每個月能長出3公分。假如沒有磨牙的工具，即便到老，老鼠的牙齒也會不停地生長。

更換得最頻繁的牙齒

由於牙齒很容易脫落，鯊魚一生都在不斷更換牙齒。不同種類的鯊魚，更換的牙齒數量也不同，有的鯊魚一生甚至能更換掉3萬多顆牙齒。

最浮誇的牙齒

獨角鯨的頭上有一根又長又尖銳的「角」，這其實並不是角，而是牠的門牙。

咬合力最強的牙齒

灣鱷是世界上咬合力最強的爬行動物。牠的咬合力是人類的50倍！

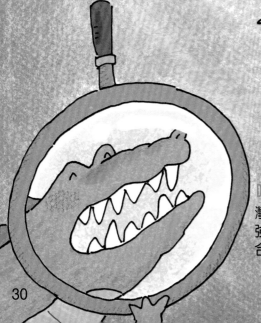

大家都是各自領域的絕對霸主！

最長的牙齒

在陸地上，牙齒最長的動物就是雄性的非洲草原象，牠的牙齒最長可達3.5公尺。

最毒的牙齒

毒蛇透過尖銳的牙齒把毒液注入獵物體內，是名副其實的「毒牙」，其中貝爾徹海蛇的牙齒比眼鏡王蛇的還要毒，不過這種海蛇不到萬不得已不會主動發起攻擊。

要想保持牙齒健康，每天認真刷牙非常重要。一起來看看你有沒有養成刷牙的好習慣吧！

下面的人和動物都缺少牙齒，請你拿起畫筆，根據實際情況，幫大家畫上合適的牙齒吧！

作者介紹

 成立於2011年，扎根童書領域多年，致力於用優秀的專業能力和豐富的想像力打造精品圖書，已出版300多本少兒圖書。主要作品有《逗逗鎮的成語故事》、《古代人的一天》、《西遊漫遊記》、《拼音真好玩》、《文言文太容易啦》等系列圖書，版權輸出至多個國家和地區。其中，《皇帝的一天》入選「中國小學生分級閱讀書目」（2020年版），《森林裡的小火車》入選中國圖書評論學會「2015中國好書」。

主創團隊

段穎婷

張卓明

陳依雪

韋秀燕

肖　嘯

王　黎

審讀

張緒文　義大利特倫托大學生物醫學博士

李婧瑜　北京口腔醫學會兒童口腔專業委員會委員

蘇盈盈　首都醫科大學附屬北京天壇醫院口腔科副主任醫師

楊　毅　科普作家、自然博物課程指導老師、野生動物攝影師

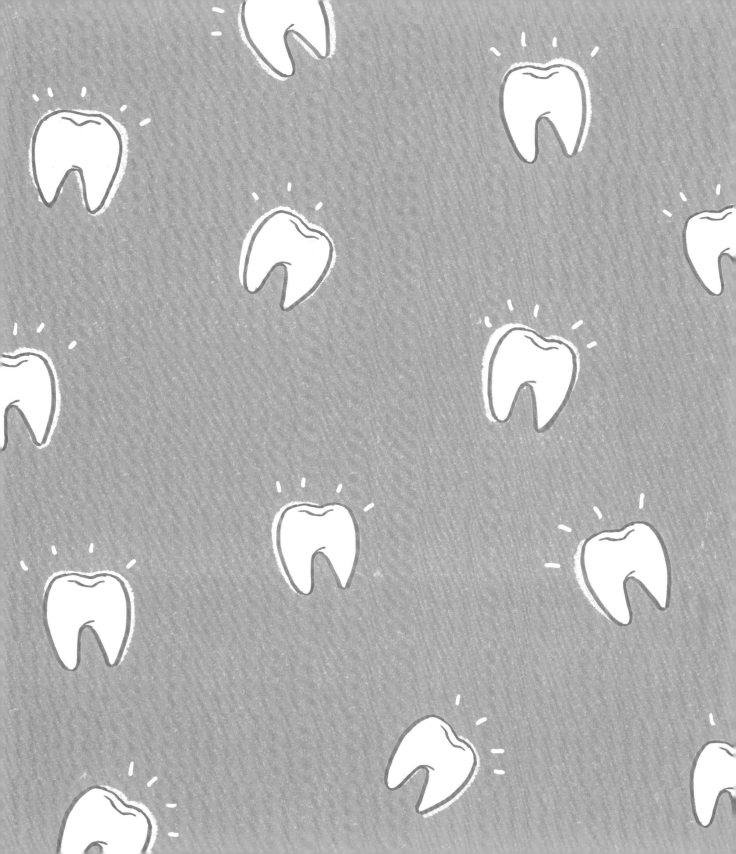

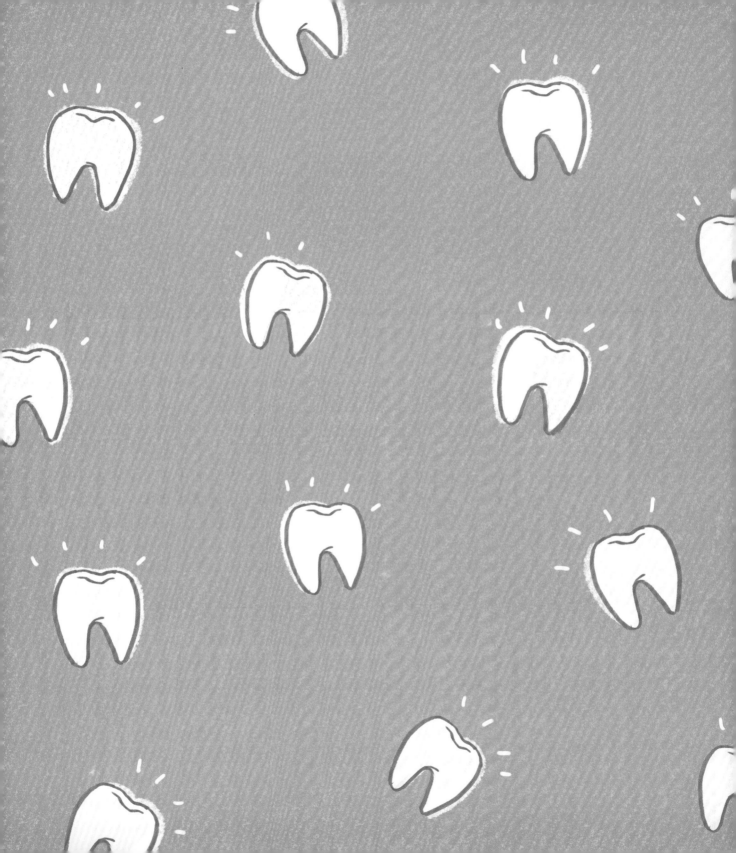

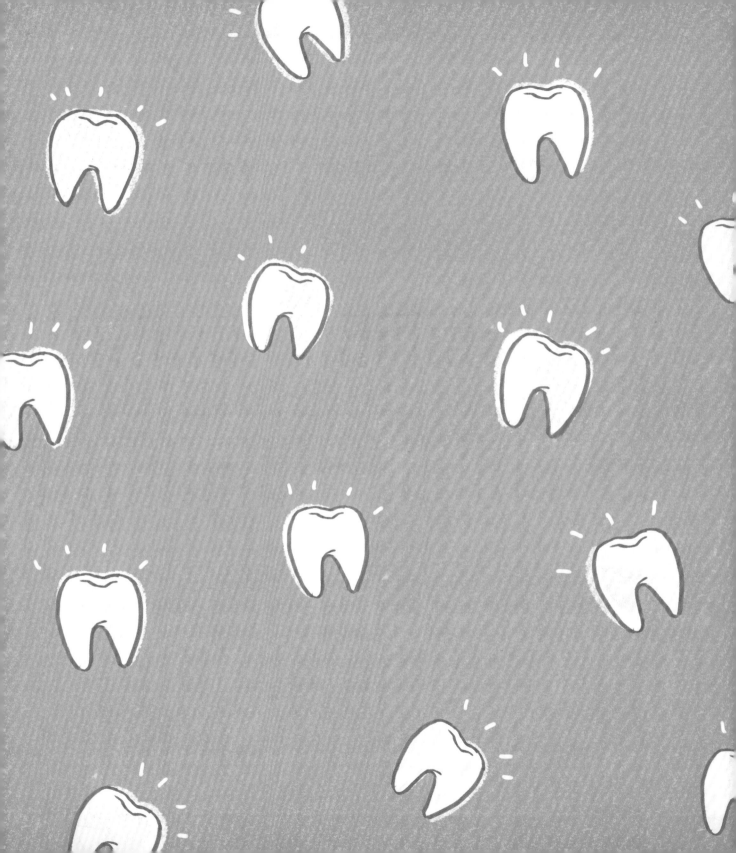